生生不息
草原与荒漠

匈牙利图艺公司（Graph-Art）◎编绘

王梦彤 曾 岩◎译　　王玉山◎审译

北京日报出版社

目录

草原与荒漠

热带和温带草原

　　稀树大草原是热带地区有着草地和极少树木的大片平坦区域，这里年降雨量在500～1200毫米之间。这样的降水量本足以形成森林，但降雨过于偶发阻止了森林发育。森林无法承受这里每年持续至少4个月的干旱。在北美温带大草原、南美潘帕斯草原、亚欧大陆干草原和南非的非洲草原这样的温带草原，年降水量有500～900毫米，夏天十分干燥而冬天非常寒冷，因此生活在那里的很多动物和植物都有两个休眠期。

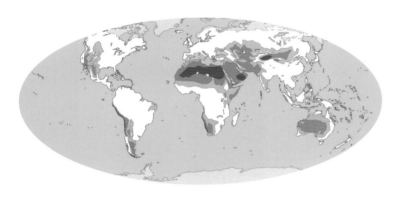

平原是如何形成的？

　　形成平原或是大面积无树区域的方式有几种。常见的是气候因素，即温度或降水量阻碍了大量植被生长。特别薄或贫瘠的土壤层也是这类区域形成的原因之一。通过这种方式形成的平原被称为土壤平原。人类采伐森林是造成无树景观的第三个原因。

去还是留？

　　在所有缺树的景观中，环境会在一天或一年里的某段时间不利于生物生存。正午阳光炙热的沙漠，旱季的稀树大草原和冬天极度寒冷的苔原考验着野生生物。大多数动植物会在以下两种对策中择其一度过这个时期：它们或者会迁徙到更适宜的栖息地，比如东非角马为寻找新鲜牧草出走；或者选择留在原地适应环境，比如麝牛为应付寒冬长着浓密皮毛。一些植物和动物适应环境的方式很特别，它们会降低生命功能，进入一个休眠期。例如草原旱獭一年的冬眠时间有7～8个月之久。植物也有休眠的特点。事实上，有一些物种，比如莫哈韦千里光（一种沙漠菊科植物），在环境不利时只会以种子的形式存在。

造就景观的火

　　雷击是自然界中发生火灾的最常见原因。火苗烧掉堆积的植物死体和枯叶，使营养回归土壤，为环境施肥，让草再生。野火造成最重要的后果是多数树苗被烧死，让草原无法变成森林。草对火的适应性极强。它们富集的干物质很少，降低了火焰的强度，留下安然无恙的强大根系，可以很快重新萌发。

荒漠

缺水是荒漠的特征，缺水的原因可能有降水少和高温导致的水分蒸发，或者天气寒冷水汽凝结，导致生命体无法吸收。荒漠可以分成多种类型，沙漠是分布最多的一种荒漠。热带沙漠一年到头都很热，但在温带地区，沙漠的冬天极度寒冷。北极苔原是一个荒漠，是地球上最寒冷和最干燥的地方之一，年降雨量不超过250毫米。

数百万年的战役

缺树景观的典型特征是拥有多种草和大型食草动物物种。在进化进程中，草本植物和食草动物的变化彼此影响，换句话说，它们通过协同进化进行适应。大型食草动物进化出齿冠很高，顶端隆起的臼齿来磨碎植物的叶片，它们的胃里有大量细菌，帮助分解纤维素那样难以消化的物质。为了缓解人类放牧带来的影响，草类的分化组织通常贴近地面，以备在叶面被吃掉后尽可能迅速地开始生长。草也含有一些叫作植硅体的像草一样的小碎片，食草动物咀嚼起来感觉粗糙且磨损牙齿。

阿尔卑斯高山草甸

植物和动物

草原和荒漠中最典型的植物是草、苔藓、地衣和多肉植物。大多数草具有一种特别的代谢过程，这类植物被称为碳4植物，它们能更好地适应强光和高温。几乎所有的苔藓和地衣都生长缓慢，能忍受长久的干旱或寒冷。多肉植物如仙人掌，是适应沙漠的专家。这些植物质厚而充满水分，它们特殊的景天酸（CAM）代谢过程是对干旱环境的适应方式。动物类型包括食草动物（如羚羊）、地面筑巢的鸟类（如沙鸡）、地栖哺乳动物和爬行动物等。

人类，热带草原的土著

就我们目前所知，人类是由东非树栖灵长类动物进化而来的。根据热带草原理论，对草原栖息地的适应在人类的进化中发挥了关键作用。在树木星星点点的热带草原，我们的早期祖先在地面上花费了越来越多的时间，就此学会了两条腿走路。两足行走意味着较少暴露于阳光下、更好地观察周边环境、战斗中的优势，以及双手空闲下来可以制造并使用工具。对这个新环境的适应造就了更聪明的个体，它们可以养育更多后代，它们大脑的尺寸逐渐变大。人类的学名"Homo sapiens"（智人）就含有"智者"的意思。

草原

多年生黑麦草

草地鼠尾草

雉鸡

甘菊

鼹鼠

七星瓢虫

田鼠

盾蝽

普通鵟

丝路蓟

熊蜂

蓟

草兔

捷蜥

螳螂

绿洲蝗

田蟋

蚯蚓

草原

草原占据着大片地表，是景观的主要类型，人类文明随处可见。虽然它们看上去都是相似的摇曳着的简单草海，但是草原的多样化就像人类拥有诸多不同种族一样。这种特殊的生态系统，占据着环绕地球北半球并且和南半球与赤道相平行的带状区域。

热带草原的捕食者已经成为技术精湛的猎手。在草丛中，无论是猎物还是捕食者都没有隐藏的好地方。狮子、豹、猎豹、胡狼和鬣狗试图悄悄接近它们的猎物。

温带和热带草原

过去海洋沉积的地层、风与河流搬运来的沙子和淤泥堆积在平坦的地方，成为优质土壤。在温带，各个地理区域的草原各有特征。通常在温带草原地区，夏季炎热，冬季寒冷，降雨量低。这意味着水不足以供给大量木本植物生长，只够供给草类生长。成群的大型食草动物时而光顾，而火灾也频繁发生。在热带地区，温度总是很高，干湿季交替。因为温暖和水汽的缘故，这里的草长得比较高，一些物种高达2米。在非洲草原，这个被称作稀树大草原的地方，也还是有几种树木在这里生长。其中有些树的树皮可以防火，厚实的树干可以储存水分。

适应

草可以很好地固着土壤，利用地下水，其嫩芽靠近地表方便萌发。它可以支撑大量特定动物，如有蹄类动物。这些有蹄动物的脚趾尖抓地能力很强，这使它们能够快速奔跑。在缺树景观中，很难找到什么地方躲避捕食者，所以动物的安全仰赖数量，它们成群活动。

热带非洲大草原拥有种类最多的有蹄类动物，最著名的是大象、长颈鹿、河马、斑马、水牛和羚羊。数百万的畜群追寻着雨后肥沃、新鲜的牧草定期迁移。

毁灭性的火在风的煽动下快速蔓延。火焰热量虽强，但移动迅速，因而不会造成严重破坏。干燥的枯枝落叶被烧掉，而生机很快就会回归灾区。

事 实

草覆盖了近1/4的土地。» 草在除了南极洲以外的所有大陆都能找到。» 温带草原通常出现在北回归线的热带以北和南回归线的热带以南，而两个热带中间则是热带草原地区。

汤姆森瞪羚

萎缩的草原

现在，在温带地区大部分肥沃的草原被用于农业，种植谷物和玉米。这些地区为人类提供了优质牧场，而农场动物通常会驱赶土著种离开这里。据估计，人类已经使用了半数的草地。由于全球变暖，落在这里的雨水越来越少，荒漠化成为热带草原的主要敌人。

南美潘帕斯草原

埃及姜果棕

牛角瓜

旋角羚

大耳狐

狞猫

角蝰

跳鼠

以色列金蝎

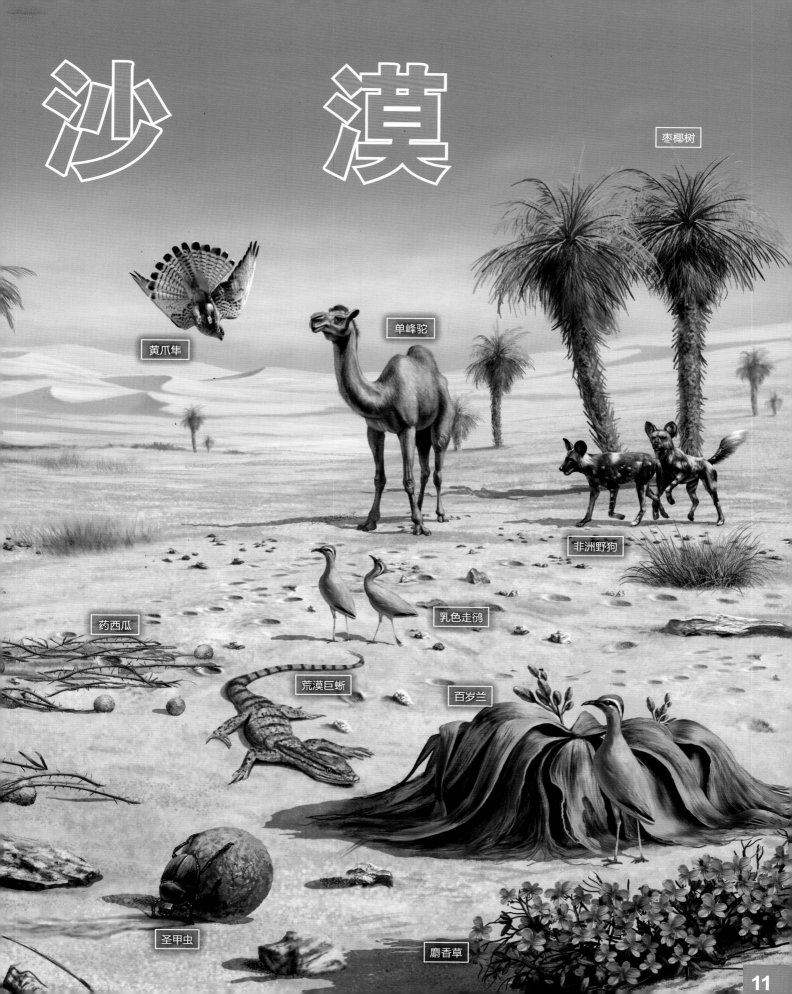

沙漠

枣椰树

黄爪隼

单峰驼

非洲野狗

药西瓜

乳色走鸻

荒漠巨蜥

百岁兰

圣甲虫

麝香草

沙漠

沙漠在全球降水非常稀少的一些地区出现。导致降水缺乏的原因有几个。其中一个是因为热带地区下降的干燥空气（图1）或高山阻隔了空气中湿气的运动，因此只有少量甚至没有湿气到达远端（图2）。沿海地带沙漠的产生往往与冷洋流的影响有关（图3），而在内陆地区，沙漠的形成往往在于缺少雨水。只有少数植物可以在干旱条件下生存，所以沙漠往往贫瘠荒凉、植被稀疏。只要多一点水汽，就会出现更多的植物，这类植物以耐干旱的灌木和草为主，郁郁葱葱的植被只会出现在绿洲和河谷。在亚热带沙漠，白天炎热夜晚凉爽，但是在那些位于温带地区的沙漠，冬天会下雪，寒冷刺骨。地表可能遍布沙丘，拥有砾石表面，或是岩质基底，或者由干燥湖盆的黏土构成。

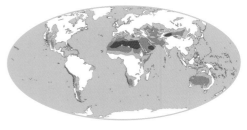

植物——为水而战

沙漠植物的生活是一场由水引起的战争。当降水量很少时，植物根部尽可能多地吸收水分，并存储在它们的茎或叶中。它们进化出厚厚的蜡质保护层来尽可能多地保存水，它们还覆盖着由叶子变态而成的刺，以减少水分蒸发。刺还是一种有效防御工具，防止极度饥渴的动物们以多汁的植物解渴。美国沙漠的仙人掌，以及主要生长在非洲，看起来像仙人掌但实际上属于大戟科的多肉植物，是典型的沙漠植物。沙漠中也有很多植物不储存水，只是在地面等待。当一场雨落在地面上，它们便立刻萌发，开花并结果。这种情况被称作沙漠花期。

仙人球

沙鸡

耳廓狐

沙漠花期

动物——努力防范脱水

对生活在沙漠中的动物来说，生活意味着与脱水抗争。最简单的适应方法是从食物中获取水，更格卢鼠就是这样做的。而骆驼的储水方式则十分复杂。当骆驼利用储存在驼峰里的脂肪进行代谢时，就会产生水。沙鸡是储水大师，它们可以飞到80千米外的地方寻找水源，浸泡自己胸部的软毛，回巢时喂给它们的幼雏。在夏天最干燥的时间里，圆尾黄鼠会进入蛰伏期。而非洲牛蛙为了减少水分损失，直到下一次降雨来临之前都把自己包在一个茧里。

拟步甲

气候周期——绿色撒哈拉

很难想象，如今荒凉的撒哈拉，在大约1万年前曾经是一个有着河流、湖泊和成群食草动物的郁郁葱葱的景观。发生这种巨变的原因，是地球地轴倾斜角度每几十万年的周期变化。这种变化曾给北非带来了持续几千年的湿润时期，后来又回到干燥时期。大约5000年前，最后一个湿润时期结束，利比亚沙漠的著名岩画展示了那时繁盛的动物生命和游泳的人类。绿色撒哈拉时期对史前人类也非常重要，因为在这些时期，先后有三个人类物种离开非洲，向欧洲和亚洲继续他们的旅程。

图1

哈德里环流圈

脆弱的沙漠

全球变暖多数情况下会使沙漠生境更加干燥，并导致大面积土地变得不适宜植物生长和动物栖息。干枯的植物很容易被火星点燃，在干旱地区本就生长非常缓慢的树木，会被大火根除。过度放牧在沙漠外围地区带来一些问题，牲畜践踏稀疏的植被，损坏宝贵的栖息地。在许多地方，居住区的开发破坏了原生植物和动物。

图2

多雨区　　干燥空气　　雨影区

海洋　　沙漠

干燥空气
湿气
寒洋流
上升洋流

图3

戈壁

生石花

事实　在1570~1971年间，阿塔卡马沙漠很少降水。»最大的天然淡水水库之一就在努比亚沙漠的沙子之下。» 撒哈拉沙漠是世界上最大的沙漠，覆盖了900万平方千米。» 地表有大片沙丘覆盖的荒漠称为"沙漠"，有岩石裸露的平坦山地称为"石漠"，地表有粗大砾石覆盖的荒漠称为"砾漠"，也叫"戈壁"。» 全世界的荒漠中有1/5是沙漠。» 那些降水极少的极地苔原通常也被归类为荒漠，称为寒漠。

岩雷鸟

棕熊

北美驯鹿

四棱岩须

地衣

黄景天

羊胡子草

苔　原

北极和南极地区恶劣的环境孕育出了苔原。这些地方只有两个季节：冬季和夏季。冬季漫长而寒冷，并伴随着持续的黑夜；夏季短暂而无黑夜，此时温度仅仅稍高于冰点。在短暂的夏季，冰冻的土壤只有上层融化，水无法渗入。而这时稀少的降雨就造就出沼泽、湖泊和溪流组成的湿润景观。死水中孵化出数十亿只蚊子，为数百万从温暖地方迁徙归来的鸟类提供了重要的食物来源。驯鹿成群结队离开它们过冬的北方针叶林，捕食者也随之而来。这些食草动物发现，这里的食物只在地面有稀薄的一层，因为苔原土壤的深层是永久冻结的。因此，这里只能生长低矮的灌木，树木无法抓紧浅浅的土壤。在很多地方，地表覆盖着顽强、坚毅、生长缓慢的植物，如苔藓和地衣。

苔原覆盖了地球近1200万平方千米的地表。

全球气候变化的最大的输家

全球变暖对苔原的威胁最大，而这宝贵的栖息地可能会从地球表面彻底消失。更糟的是，永久冻土层（一直保持冻结的下层土壤）一旦融化，会有大量温室气体——二氧化碳释放到大气中，这将导致地球更加温暖，同时，这也意味着林线会进一步向两极发展，苔原将成为森林。与采矿活动有关的公路和管道建设是野生动植物的另一个威胁，对那些引入的植物和动物物种尤其如此。不幸的是，这片遥远地区也无法逃过空气污染的毒害，酸雨毁坏了苔藓和地衣。

麝牛

利用夏天，熬过冬天

苔原上的植物很矮，这样可以抵御狂风；它们通常成丛生长，以防御严寒；它们中的大多数都是深绿色或红色的，以尽可能多地吸收来自太阳的能量。动物也必须适应寒冷。北极狐的耳朵很小，以此将身体这一部分散失的热量降到最低。驯鹿的每一簇毛都是中空的，这提供了一个极好的隔热层。北美驯鹿在北方针叶林中度过阴冷的冬季，只在春天成群迁徙到苔原繁育幼仔。麝牛并不迁徙，但会寻找积雪较薄的地方，方便它们找到食物。

事 实 苔原上只有少量物种，但这些物种的个体数目很庞大。» 土壤的反复冻融可以移动地表的石头，在很多地区，石头会因此排列成多边形。» 在高山地区会发育出高山苔原，其植被与极地苔原相似，但其地层通常不会永久冻结。» 苔原上的野火会以10年左右的周期出现，它们在生态系统中发挥了重要作用。

冰核从地底涌出会形成一个小山丘，称为冰核丘。冰核丘可高达50米。当冰核丘里面的冰融化后，小丘会消失，变成一个小湖。

旅鼠入侵

在北极地区，旅鼠是常见的小型啮齿动物。它们的种群具有一个非同寻常的现象。每隔3～4年，旅鼠会出现一次种群爆发，个体数量增殖约50倍，然后持续一年又几乎完全消失。有个略为简单的解释是，当旅鼠数量较少时，它们的主要食物来源——苔藓就很会生长很繁盛。食物的丰盛意味着旅鼠的数量开始膨胀，而像雪鸮和北极狐这样的捕食者的数量也在增加，这就带来了一个数量的快速衰减。在旅鼠种群爆发时期，苔藓急剧减少，生长缓慢，因而它需要一个相当长的时间重新繁盛起来，并开始新的循环。只有当天气十分寒冷，雪很大时，旅鼠在雪盖下挖洞，才会出现一个新的种群激增。

旅鼠

北美温带草原 S　北美洲

美洲野牛

郊狼

狼柳

北方沫蝉

西方雪果

水烛

平原翠雀

白靴兔

黑脉金斑蝶

水貂

花癞蝗

松蛇

德州角蜥

温带大草原

北美温带草原，也被称作温带大草原，它是因落基山脉隆起开始出现的。落基山的隆起阻碍了空气流动所带来的降雨。这个草原因地处雨影区所以气候较为干燥，而且在15000年间（人类于15000年前到达这里），原住民一直为狩猎到处点火，这也是草沿着这片地区蔓延的原因。在离山近的地方，降雨量很少，因而这里生长的草，比如野牛草就很低矮，这片覆盖着低矮野牛草的区域被描述为矮草温带大草原。再往东，降雨稍多，就是高草温带大草原，这里有较高的草类，如小须芒草和柳枝稷等。温带大草原的野生动物受到大约15000年前到达这里的人类的严重影响，他们使骆驼、猎豹、狮子和其他至少50种大型哺乳动物在北美灭绝，而后来的欧洲移民则将99%的高草温带大草原变成了农田。今天这里的主要问题是物种的威胁和缺乏对生态有益野火。

黑尾草原犬鼠的洞穴

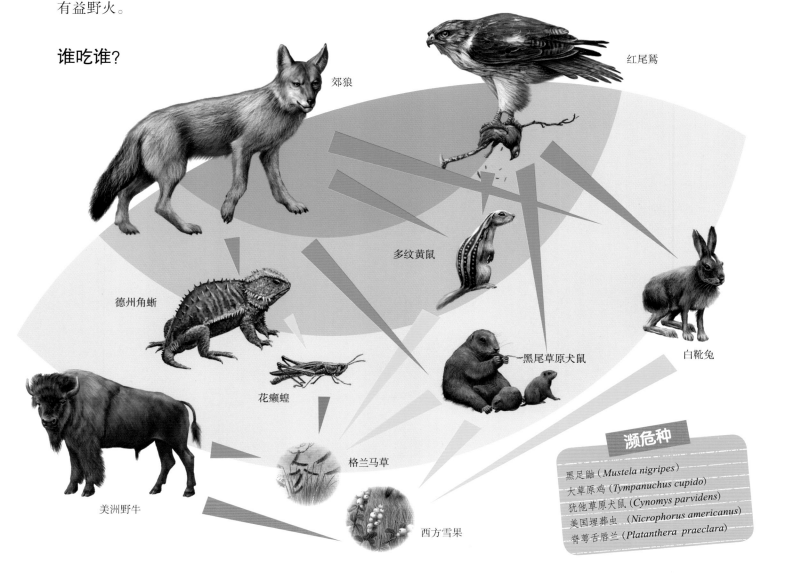

谁吃谁?

郊狼

红尾鵟

多纹黄鼠

德州角蜥

白靴兔

花癞蝗

黑尾草原犬鼠

美洲野牛

格兰马草

西方雪果

濒危种

黑足鼬（*Mustela nigripes*）
大草原鸡（*Tympanuchus cupido*）
犹他草原犬鼠（*Cynomys parvidens*）
美国埋葬虫 （*Nicrophorus americanus*）
脊萼舌唇兰（*Platanthera praeclara*）

温带大草原最大的食草动物是美洲野牛，但这种动物因为过度狩猎而几近灭绝。

旅行时应当注意什么?

温带大草原的典型气候是夏季暖湿和冬季寒冷，因此在你去旅游前，要根据季节打包合适的衣物。在春秋季，你需要带一件防风夹克，因为草原上的风很大。在你出发前要听一下天气预报，因为龙卷风很可能会横扫你所在的地区。此外，在草原上，可以用绑腿防止草籽掉进你鞋子。

一鼻子血

大草原上，一对饥饿的郊狼正小跑回家。太阳已经升起来，这正是它们回到安全的窝里休息的时间。在一个小时前，它们很糟糕地遇到一头雄性白尾鹿，雄鹿甚至打算冲顶年轻的雄郊狼，之后，它们失去了打猎的欲望。这时，出现了一只胖胖的15厘米长的得州角蜥，这好像会成为一顿不算丰盛但非常可口的早餐。一开始它试图逃走，但是缺乏经验的郊狼赶过去，想用爪子阻止猎物逃走。当雌郊狼伸出爪子快要抓到得州角蜥时，角蜥身体突然膨胀，从眼睛里喷出一股鲜血，直接射入郊狼的喉咙。郊狼张着嘴又甩又呕还是无法除去嘴里恶心的味道。

气候

气温
17 ℃

湿度
低

黑尾草原犬鼠

　　黑尾草原犬鼠也叫黑尾土拨鼠，它们居住的地区到处是隧道。这种动物在白天活动，而当群体中的大多数在草地上觅食时，总是有一只草原犬鼠在洞穴附近站岗。捕食者刚一出现，哨兵就用狗一样的叫声向其他草原犬鼠发出警告。性成熟的个体每年交配一次，雌性在一个月后生育3～5只幼鼠。一旦幼鼠长出毛发，睁开眼睛，它们就会冒险爬到地面上，在群里向其他成年犬鼠学习所有应该知道的事情。

目前已被生态学家发现的最大的黑尾草原犬鼠群大约拥有4亿成员，它们挖掘的隧道网覆盖了65000平方千米的面积。

学名: *Cynomys ludovicianus*
分布范围: 几乎只在保护区
体型: 体长35～40cm, 尾长8～10cm
寿命: 8年
受威胁程度: 数量下降

学名: *Pituophis melanoleucus*
分布: 美国东部
体型: 体长120～250cm, 直径5cm
寿命: 未知
受威胁程度: 数量下降

红尾鵟

　　这种猛禽是单配制的，只有当旧伴侣死去，它们才会寻找一个新的伴侣。它们在尽可能高的树枝上，用柔软的材料搭成巢。巢的直径约1米，深度也近1米。红尾鵟与其他物种竞争筑巢地，为此摧毁其他鸟巢或杀死雏鸟的情况并不少见。它们一次养育1～3只雏鸟。雄鸟负责狩猎，由雌鸟负责把肉分成小块喂给雏鸟。

红尾鵟往往成对狩猎，其中一只负责将猎物从隐蔽处轰赶出来，而另一只则在猎物离开躲藏地时对其进行突然袭击。

学名: *Buteo jamaicensis*
分布范围: 美国北部和中部
体型: 体长50～65cm, 翼展122cm, 重700～2000g
寿命: 30年
受威胁程度: 无危

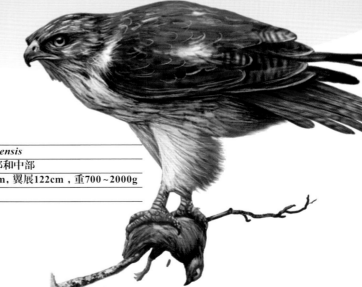

学名: *Bison bison*	
分布范围: 北美	
体型: 体长2~3.5m, 重400~900kg	
寿命: 15~20年	
受威胁程度: 近危, 但种群数量稳定	

美洲野牛

美洲野牛是北美最大的食草动物。它们会花一天时间在泥或灰里滚或摩擦树干, 以防止昆虫的叮咬, 驱除寄生物。美洲野牛在早晨和傍晚采食, 晚上反刍。它们的听觉和嗅觉很灵敏, 但是视力很差。受惊时, 它们能以50千米/小时的速度奔跑。每年7月, 公牛为了争夺雌性相互争斗。母牛的孕期有9个月, 出生的小牛体重30千克。出生几天后牛犊就和它们的母亲一起加入牛群。

美洲野牛的近亲是欧洲野牛, 它们被认为是与家牛亲缘关系最密切的两个物种。

松蛇

尽管身体较大, 但松蛇对人类并不危险, 也没有毒液, 它们只是模仿响尾蛇, 摇着尾巴, 大声发出嘶嘶声, 吓唬潜在的攻击者。它们是昼行生物, 在11月到来年3月间冬眠。一旦苏醒, 雄性就开始为雌性而战。在交配后, 雌性将卵产在沙地洞穴里。2~3个月之后 (时间长短取决于天气), 30~50厘米长的幼蛇就会孵化出来, 开始独立生存。

松蛇吃小鼠、大鼠、鸟类和鸟蛋, 它们会钻进啮齿动物洞穴中饱餐一顿。

郊狼的发声系统是北美所有哺乳动物中最复杂的。它的学名意为"狂吠的狗"。

学名: *Canis latrans*	
分布范围: 北美和中美洲	
体长: 50~55cm	
寿命: 10年	
受威胁程度: 数量增加	

郊狼

郊狼非常聪明和狡猾, 是优秀的猎手。它们通常在黄昏和晚上活动, 通过嚎叫来指示猎物的移动方向, 也通过嚎叫来相互联络。郊狼以家庭为单位生活, 是单配制。它们挖的地洞长达10米, 母狼在这里养育后代。母狼的孕期有两个月, 幼仔在春天出生。它们有时会生出12只幼仔, 但只有少数能活到成年。郊狼会全家一起抚育幼仔。

高山草甸

胡兀鹫

屋顶长生草

阿尔卑斯旱獭

岩羚羊

雪兔

高山报春

喙檐花

蒂罗尔报春

红斑翅蝗

绢粉蝶

奥地利真螈

金雕

欧洲

阿尔卑斯山脉

非洲

猞猁

红松鼠

羱羊

冠山雀

蜜蜂

雪田鼠

杓兰

圆叶茅膏菜

黑真螈

高山火绒草

蝼蛄

高山草甸

高山草甸是一种特殊的生境类型，任何具有一定海拔高度的地方都可能出现这种生境。高山是形成高山草甸的关键原因，但是高山也可能孕育荒漠或热带森林。只有当温度、降水和风形成恰当组合时，这种类型的生境才会出现，而海拔是决定因素。高山草甸是野生动物的堡垒，在其之上就是雪线了。阿尔卑斯的高山草甸是这种生境的典型例子，"高山草甸"（Alpine meadow）即以此命名。阿尔卑斯山脉从斯洛文尼亚延伸到法国，雪线在2400～3000米之间变化，高山草甸则位于雪线之下。生活在那里的动物和植物是真正的高地生物，它们坚强地适应恶劣环境。草和矮灌木是那里的主导景观，它们植株矮小，甚至贴地生长，尽可能减小叶面面积，从而抵御大风的吹刮和冷风的侵袭，防止热量和水分的散失，避免紫外线造成的损伤。

旅行时应当注意什么？

地势对气候有巨大影响。阿尔卑斯山北坡较冷，因此雪线更低。南坡享受更多阳光，喜欢更温暖气候的植物就定植在山的这一侧。风带来的水汽来自西北方向，随着云的爬升变成雨落到山坡上，而东部的山坡因此更为干燥。

谁吃谁？

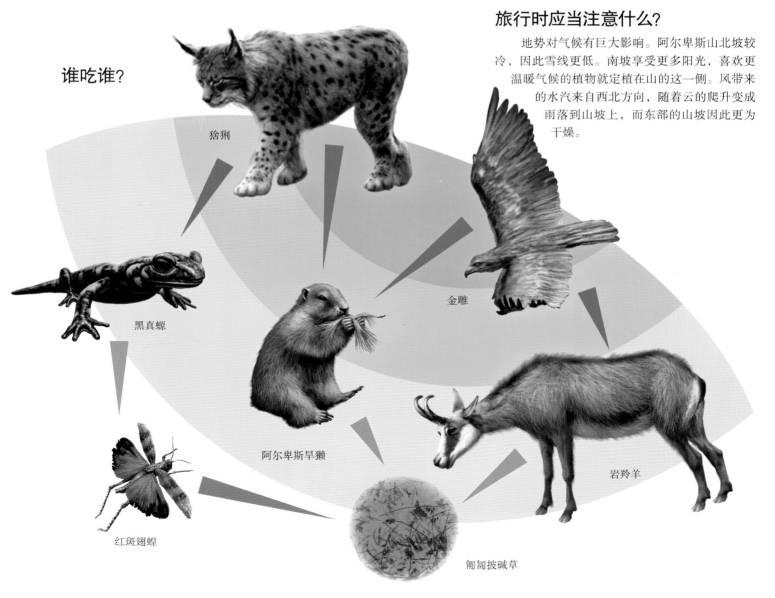

猞猁

金雕

黑真螈

阿尔卑斯旱獭

岩羚羊

红斑翅蝗

匍匐披碱草

焚风是一种由山地引发的局部范围内的空气运动。当气流经过山脉时，在沿迎风坡上升中逐渐冷却，形成降雨。过山后气流沿背风坡下沉，温度增加，形成高温并且干燥的下行风。焚风可促使积雪融化、作物早熟，同时也易引起雪崩、森林火灾、干旱等自然灾害。

濒危种

羱羊（*Capra ibex*）
黑真螈（*Salamandra atra*）
阿波罗绢蝶（*Parnassius apollo*）
高山火绒草（*Leontopodium alpinum*）

猎获岩羚羊

一只雄猞猁跟踪一只兔子的气味来到这里，现在停留在一块石头后面。这儿不是它的领地，但它出色的听力可以帮助它了解附近发生的事情。它竖起耳朵，注意到一群岩羚羊正刨开悬崖下的积雪吃草。一只羊落在羊群后面，它试图赶上羊群，却被积雪阻碍。捕食者认为自己不用跑太远，只要从埋伏地一跃而起即可得手。猞猁无法追赶太久，那样它就喘不上气来了，但它宽大的爪子能让它在雪地中跑得比蹄子陷进雪中的岩羚羊快得多。猞猁不费吹灰之力追逐了一会儿之后用它的爪子抓住并杀死了猎物。

气候

从11月到来年5月，高山草甸一直被积雪覆盖。

平均气温

1月	7月
−5～4℃	15～20℃

植物的境遇有些困难，因为它们既需要太阳的温暖，又要保护自己免受紫外线辐射和狂风侵袭。为此它们的颜色通常很深，长得很矮，并生长出浓密的绒毛来保护它们的茎。

高山火绒草

黑真螈

这种蝾螈白天在灌木、岩石和苔藓下休息，晚上活动。它们的食物包括蚯蚓和昆虫。两栖动物的幼体通常在水中发育，但黑真螈却以卵胎生的方式繁殖后代。黑真螈的受精卵在雌性的输卵管中发育，每次只产两只已完成变态的幼体。幼体出生时长4～5厘米，用肺呼吸。

学名: *Salamandra atra*
分布范围: 阿尔卑斯、迪纳拉山脉
体长: 9～15 cm
寿命: 10年
受威胁程度: 非濒危

黑真螈的活动范围不大，不会到远于它们居住地5～10米外的地方冒险，栖息地位于海拔800～3000米的山地。

学名: *Marmota marmota*
分布范围: 阿尔卑斯山，海拔400～500米以上
寿命: 15年
体型: 体长40～55cm（包括尾巴15cm）
受威胁程度: 狩猎导致潜在受威胁

阿尔卑斯旱獭

阿尔卑斯旱獭与松鼠同属于啮齿动物，以植物为食。旱獭以家庭为单位生活，通过摩擦鼻子和相互梳理毛发来交流。但是如果有入侵者进入它们的领地，它们就不够友好了。当受到威胁时，旱獭会发出警戒哨声。冬天来临时，它们会用干草堵住洞口，冬眠6～7个月。此时，它们的呼吸和新陈代谢会减慢，体温也会降低。只有在当有足够绿色食物供应时，它们才会从冬眠地里钻出来。

旱獭的哨声不仅是个警告，还能显示出潜在危险的位置和类型。

学名: *Capra ibex*
分布范围: 欧洲和北非中部山脉，东到中国境内
体型: 高1m，长1.5～1.7m，雄性的角长可达1m，雌性较短
寿命: 15年的
受威胁程度: 非濒危

新生羱羊的角在出生后生长迅速，之后生长缓慢但是仍保持终生生长。

羱羊

羱羊是典型的高山动物，夏天生活在海拔3200米以上地区，冬天则向山下稍稍移动，它们以草、苔藓和植物的花、叶及细枝为食。羱羊雄性和雌性分群生活，只有雄性有胡须。雄性序位分明，但在繁殖期间，雄羱羊会用角互相较量和打斗，以确定谁与雌性对象交配，序位也可能发生改变。雄性找到了伴侣后，就会驱逐其他追求者，并保护雌性。雌性的孕期约6个月，每胎产1～2仔。

金雕

　　这种居住在高山上的猛禽有时捕食哺乳动物和鸟类，但更喜欢吃腐肉。它们一生只选择一个伴侣生活。金雕在悬崖上阳光不太晒的地点筑巢，安置在那里的卵不会过热，也不易被天敌伤害。春天出生的两只雏鸟中，通常只有先出生的那只能够存活。雏鸟在3个月时长齐羽毛，在秋天开始独立生存。当它们长到4~5岁的时候，就会建立自己的领地。

学名: *Aquila chrysaetos*
分布范围: 欧亚大陆、北非和北美
体型: 长75~90cm，翼展190~220 cm
寿命: 15年
受威胁程度: 易危，目前种群稳定

　　金雕并不是每年都向它们的配偶求爱。在求爱时，它们会做出惊人的表演。它们带着一颗鹅卵石飞到空中，把它扔下去，然后在飞行中捕捉到它。雄性和雌性都会表演这个特技。

岩羚羊和旱獭都会向同类吹哨警告危险，有趣的是这两个物种也会对其他物种的警告做出反应。

岩羚羊

　　岩羚羊属于偶蹄类动物，长得很像山羊。它们善于攀登山地，而且机警敏捷，人们很难接近它们。岩羚羊灵活的蹄子前端比较窄，这使它们寻找散布在岩石间的植物时，可以轻松地在悬崖处跑上跑下。岩羚羊成小群栖息，成熟的雄体仅在发情季节才入群，为争夺配偶它们会凶猛争斗。岩羚羊妊娠期5个月，通常只产1仔。幼仔一直和它们的母亲待在一起，直到雌羊再次繁殖。

学名: *Rupicapra rupicapra*
分布范围: 从高加索山脉到亚洲，现已引入新西兰
体型: 高80cm，长110~130cm，重35~50kg
寿命: 20年
受威胁程度: 非濒危

非洲稀树大草原

金合欢

非洲象

平原斑马

汤姆森瞪羚

非洲

非洲稀树大草原

金钱豹

非洲白背秃鹫

长颈鹿

蚁丘

蛇鹫

非洲稀树大草原

金钱豹

非洲白背秃鹫

谁吃谁?

狮子

平原斑马

角马

长颈鹿

金合欢

禾草

旅行时应当注意什么?

在稀树草原上,保持低调和掌握生存的艺术至关重要。大型食肉动物是无情的,但看似温顺的食草动物也同样如此。即使是大象和河马也可以以40千米/小时的速度奔跑,这对于一个重达一吨的动物来说,成绩已经很好了。当你在路上遇到这一类动物的进攻时,最好赶紧跑开。在旱季,你应该时刻确保自己带着足够多的水,否则你将不得不长途跋涉去找一个有水的地方。

离赤道越远降雨量越少,因而需要足够水才能生长的树木和灌木渐渐变得稀疏。热带丛林先是让位于热带稀树林地,之后又变成稀树草原或灌丛草原,最后是草原。沙漠在热带地区占主导地位。这一转变带来了非洲的主要生境类型。在20世纪初,狩猎者的目标是获得"五大"狩猎纪念物——狮子、金钱豹、非洲象、非洲水牛和犀牛,它们都是稀树草原的居民,射杀的情况在以往经常发生。幸运的是,今天的人们只允许用照相机对准这些巨大的野兽。即便是现在,偷猎也仍然是非洲野生动物的主要威胁。全球变暖、开垦草地农业和放牧家畜所导致的荒漠化破坏了稀树大草原,也进一步限制了其分布面积。

非洲象

非洲大草原拥有动物界的多项纪录。陆地动物中最大、最高和最快的动物分别是大象、长颈鹿和猎豹，这里还拥有最大的鸟类——鸵鸟。

猴面包树

濒危种

猴面包树（*Adansonia digitata* L.）
非洲野狗（*Lycaon pictus*）
黑犀牛（*Diceros bicornis*）
猎豹（*Acinonyx jubatus*）
细纹斑马（*Equus grevyi*）
非洲丛林象（*Loxodonta africana*）

气候

平均气温：25℃

旱季

北半球
4~11月

南半球
1月到来年5月

狩猎成功

　　一群非洲水牛正走向它们最喜欢的那片洼地。对于它们而言，无论老幼，在泥中翻滚都是最好的消遣方式。突然，一大片尘埃的扬起引起了牛群恐慌。雌性引导它们的牛犊进入圈子中间，但要保护全部小牛依然很难。一只雄狮首领发起了一场攻击，雌狮已经锁定了它们的目标并开始进攻。公牛试图阻止，但年轻的水牛已经被狮子无情地扑倒在地上。牛群一边慢慢后退，一边保护它们的孩子，继续走向洼地。狮子不再纠缠它们，在盛宴的午后开始休息。

非洲稀树大草原

学名: *Equus quagga*
分布范围: 东非和南非
体型: 身高1~1.5m，尾长50cm，重175~385kg
寿命: 20年
受威胁程度: 种群稳定

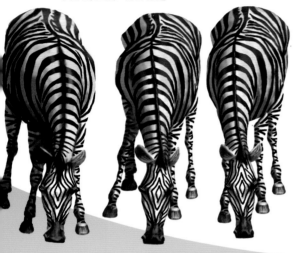

平原斑马

斑马是马科动物，以植物为食，它们可以通过条纹相互识别。最新的研究表明，斑马的条纹会使采采蝇（以动物血为食的舌蝇）和马蝇感到眼花缭乱，从而避免被叮咬。一个斑马家族由一匹公马率领几匹母马和小马驹组成的。斑马的社会性很强，发现捕食者时会发出警告。它们会选择一个视野好的地方睡觉，总有一匹保持清醒的斑马做警戒。斑马的主要敌人是狮子、斑鬣狗和尼罗鳄。

在动物王国里，有两种方法可以避免被捕食。一是保持隐蔽，二是保持警惕以躲避攻击。斑马属于后者。

学名: *Eudorcas thomsonii*
分布范围: 北非
体长: 50~80cm
寿命: 10年
受威胁程度: 近危，数量下降

汤姆森瞪羚

汤姆森瞪羚是偶蹄动物，雌性和它们的幼仔形成小群，而雄性则是独居。雄性会在自己的领地巡视，用粪便和眶下腺的分泌物做标记。这些腺体在眼睛前端，就像人的泪腺。雄性拥有40厘米长的弯曲的角，而雌性的角相对更轻，而且短而直。汤姆森瞪羚是优秀的跑者，在逃跑时的最高速度接近80千米/小时。幼仔出生时体重只有2~3千克，母亲把它们藏在高高的草丛中。

汤姆森瞪羚经常跟着斑马行动。斑马吃掉高处的草后，瞪羚可以更容易吃到低矮的嫩草。

学名: *Panthera pardus*
分布范围: 非洲和南亚
体长: 1.6~2.3m
寿命: 12年
受威胁程度: 近危，数量下降

金钱豹贴着地面匍匐前进，悄悄接近它的猎物，然后在最后一刻扑出。它们是优秀的游泳健将，优秀的攀爬者，奔跑速度高达60千米/小时。如果需要，它能腾空跃起几米高。

金钱豹

金钱豹的猎物主要是小型反刍动物，如羚羊，它也吃啮齿类、鱼甚至昆虫。如果猎物比较大，金钱豹会将猎物的尸体拖到树上，以免被狮子和斑鬣狗偷袭。金钱豹的妊娠期为3个月。幼仔出生时看不见东西，体重不到1千克，在两个星期大时才学会走路，母豹常将幼豹藏在岩洞或树丛中。小豹子在20个月时成年，开始独立生活。

非洲象

大象是食草动物，臼齿为脊状表面。它们的鼻子和上唇发育成了象鼻，象鼻的末端有两个指状突起，非常敏感，能够精确地抓取细小的物体。大象每天要喝大约300升水。它们喜欢洗澡，洗完澡会往自己身上扬洒沙土来防止蚊虫的叮咬。母象的孕期持续22个月，新生的幼象重110千克。母象和幼象组成家群，而公象通常单独行动。它们通过好多种方式交流，并且互相帮助。

大象长长的象牙是由上门齿进化而来的，它一直在长。一头老年大象的象牙能超过2米长。

学名: *Loxodonta africana*
分布范围: 撒哈拉沙漠以南，但只在非洲的很多保护区里
体型: 从躯体到尾巴的尖端长8米，重达6吨
寿命: 70年
受威胁程度: 易危，但数量增加

一头健康强壮的雄性长颈鹿一天能吃掉65千克的绿色植物，它们偶尔也会咬啃鬣狗吃剩的骨头和泥土以补充矿物质。

长颈鹿

长颈鹿是世界上最高的动物。就像大多数哺乳动物一样，它们的脖子里也长有七节椎骨。在它们不吃草时，会花大量时间反刍。它们能很快发现捕食者，不容易被捕到。长颈鹿可以以60千米/小时的速度持续奔跑，它们的踢踏可以致命。新生的长颈鹿有2米高，它们可以在出生15分钟后学会站立。它们的母亲把它们隐藏起来，直到它们长得足够强壮。然后，小长颈鹿会加入到一个有成年长颈鹿监护的看护群中。

学名: *Giraffa camelopardalis*
分布范围: 非洲
身高: 5.7 m
寿命: 13年
受威胁程度: 数量增加

学名: *Sagittarius serpentarius*
分布范围: 撒哈拉以南
体型: 长1~1.2 m，高1.2~1.5m，重2.3~4.3kg
寿命: 15年
受威胁程度: 易危，种群数量下降

蛇鹫这种神秘的鸟类在黎明离巢，将一天中的绝大部分时间用于步行寻找猎物。每只蛇鹫每天要行走20~30千米。

蛇鹫

蛇鹫也叫秘书鸟，通常在地上行走，偶尔也会飞行，飞起来的样子就像一只鹳。蛇鹫在地上追逐猎物，主要食物是大型昆虫和小型哺乳动物，它们甚至能够猎杀最危险的蛇。蛇鹫用脚踩，或用脚或翅膀压制住猎物，然后用喙和强大的踢力杀死猎物。这种鸟通常在金合欢树的顶部筑巢，一次产2~3枚卵，孵化期为42~45天。蛇鹫无法用爪子抓起猎物，所以只能通过反刍给雏鸟喂食。蛇鹫需要大量饮水，也经常给雏鸟带来饮水。雏鸟在巢里生活2~3个月后即独立生存。

公主鹦鹉

仓鸮

红冠桉

短嘴旋木雀

澳洲野狗

澳蠕蛇

尖尾兔袋鼠

西袋鼬

东方捕鸟蛛

狭足袋鼩

蜜罐蚁

魔蜥

水牛草

澳大利亚

澳洲稀树大草原

楔尾雕

红头鸲鹟

澳洲金合欢

赤大袋鼠

黑帚尾袋鼩

鸸鹋

兔耳袋狸

啼声新澳蟾

澳洲稀树大草原

澳洲稀树大草原

澳洲热带稀树大草原位于澳大利亚北部，它被称为稀树草原是由于它与非洲稀树大草原相似。但是，澳大利亚拥有自己独特的物种。有袋动物几乎只在这里有分布。它们的幼仔很早就出生了，然后在它们母亲的育儿袋中继续发育。油和木材都很有价值的桉树星星点点分布在这里，除此之外，草覆盖了大部分土地。这里木本植物稀疏，因为漫长的旱季和频繁的火灾使它们很难再生，阻止它们成为优势物种。澳大利亚的稀树大草原是相对受损较少的、地球上最后的真正的荒野。这里的土质不适于农业，只有小片地区适于放牧。此外，在澳大利亚没有大型野生食草动物，那里最厉害的食草动物是昆虫。

旅行时应当注意什么?

冬天不是太热，但十分干燥。（当然，澳大利亚的冬天，以及在南半球其他地方的冬天正是北半球的夏季。）在这里生存的最佳方式就是向植物和动物学习。在凉爽的夜晚，因蒸发而损失的水分要少些。在白天，你应该避免太阳直射，而且要始终穿着浅色的衣服。在11月，云开始聚集，湿度上升，但是降雨要到12月才来，并伴随着可引燃干燥植物的闪电。这里夏天炎热湿润，每年的降水集中在5月。

谁吃谁?

澳大利亚独特的植物和动物区系得益于大陆隔离。在澳大利亚，大多数哺乳动物是有袋动物，而其他大洲的哺乳动物主要是胎盘动物。

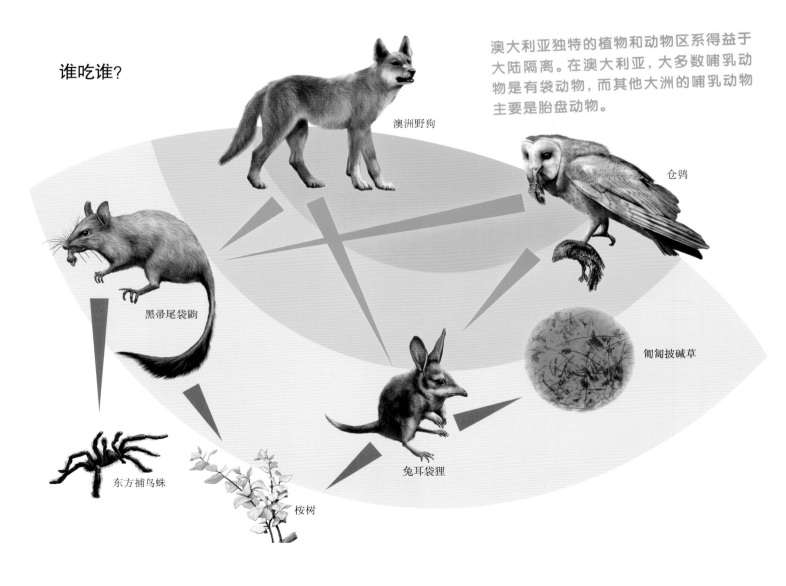

澳洲野狗

仓鸮

黑帚尾袋鼩

匍匐披碱草

东方捕鸟蛛

桉树

兔耳袋狸

气 候

气 温	降雨概率	湿 度	风 速
30℃	30%	68%	16千米/小时

谁更强壮?

　　雄性红袋鼠盯着对方,然后用尾巴保持着平衡,通过一个竭尽全力的大力踢踹来迫使对方放弃交配权。雄性袋鼠只为争夺雌性开战,而雌性站作一群冷静地观看决斗。雌性间非常亲密和谐,她们会照彼此顾对方的幼仔。如果一头母袋鼠在幼仔还在袋中时再次怀孕,胚胎会停止发育,直到袋中的幼兽独立。这种妊娠暂停往往发生在食物供应不足的时候。

濒危种

金翅太阳蛾(*Aranynap molylepke*)
金肩鹦鹉(*Psephotus chrysopterygius*)
星雀(*Neochmia ruficauda*)
草地隐鼓蜥(*Tympanocryptis pinguicolla*)

赤大袋鼠和它的幼仔

澳洲稀树大草原

学名: *Dromaius novaehollandiae*
体型: 高150~190cm，重300~45kg
分布范围: 澳大利亚
寿命: 10年
受威胁程度: 种群稳定

鸸鹋会观察云，如果看到云聚集在一起，形成巨大的积雨云，它们就知道哪里可能找到水，并向着那个方向进发。

鸸鹋

　　鸸鹋是继鸵鸟之后世界上最二大鸟类，是澳大利亚的象征。鸸鹋生活在开阔草原、疏散丛林和半沙漠地区。它们是不会飞的鸟类，翅膀只有20厘米长。但是它们却能以50千米/小时的速度奔跑，也会游泳。鸸鹋以野草、种子、果实等植物及昆虫、蜥蜴等小动物为食。它们能很好地适应极端天气，可以利用身体里存储的水来应对干渴。在这种时候它们会失去一半的体重。它们深绿色的蛋由雄性孵化，孵化期为8周，在这段时间里它们不吃不喝。

在训练小狗时，澳洲野狗会先在小狗附近放置死亡动物，然后是濒死的猎物，使得它们逐步学会狩猎技巧。

学名: *Canis lupus dingo*
体长: 雄性90~100cm，雌性较小
分布范围: 澳大利亚和南亚群岛
寿命: 15年
受威胁程度: 易危

澳洲野狗

　　一些研究显示，澳洲野狗是由5000年前由东南亚的移民带到澳洲的一小群狗进化而来的。对人们来说，花时间去试图驯服它们很不值，因为尽管它们年幼时很顺服，但长大后又会重获野性。它们像狼一样集群生活，猎食兔子和蜥蜴，也会成群狩猎灰袋鼠。但是令澳大利亚农民烦恼的是，澳洲野狗也喜欢吃羊羔。母狗会在群体中选择适合自己的雄性伴侣。它们在冬天怀孕，一胎生育5~8只幼仔。

蚂蚁的身体的大部分是由甲壳素构成的，因此它只含有刺蜥所需的少量营养。每只刺蜥必须每天吃750只蚂蚁才能满足营养需求。

刺蜥

　　刺蜥是伪装大师，视力再好都很难发现它们。它们皮肤的颜色会随着时间和地点发生变化。但棘刺又是做什么用的呢？显然，一个目的是防御，而另一个是增大身体表面积，使更多的水汽凝结在体表，并被吸收掉。这在澳大利亚沙漠地区是一个非常有用的能力。蚂蚁是它们菜单上的唯一食物。蜥蜴会耐心地等待蚂蚁从面前走过，并用黏黏的舌头舔食它们。

学名: *Moloch horridus*
分布范围: 澳大利亚沙漠
寿命: 10~20年
体长: 20cm
受威胁程度: 未评估

蜜罐蚁

　　蜜罐蚁是群居生物，这意味着，它们在一个由女王严格管理的系统中作为一个群体合作生活。只有少数蜜罐蚁参加繁殖，其余的工蚁都不育。这些工蚁负责提供食物和保护这个群体。工蚁可以在腹部储存很多食物，形如蜂蜜罐子。当食物充足时，它们会使劲吸取花蜜，一直吸到自己几乎无法动弹。然后它们悬挂在巢穴的顶端。在物资缺乏的时候，这些工蚁会用存储在自己体内的食物来喂其他蚂蚁。

因为吸入的食物颜色不同，所以蜜罐蚁肚子上显现的颜色也不同。

学名: *Myrmecocystus mexicanus*
分布范围: 澳大利亚和北美
体长: 5~7mm（工蚁），9mm（蚁后）
寿命: 9年
受威胁程度: 未评估

学名: *Macropus rufus*
分布范围: 澳大利亚
体长: 雌性1.5m，雄性2.8m
寿命: 20年
受威胁程度: 种群稳定

赤大袋鼠

　　赤大袋鼠是现存最大的有袋动物，主要分布在澳大利亚干旱的半沙漠地区。袋鼠群居生活，一个袋鼠群可以拥有1500多个个体。袋鼠白天在树荫下休息，黄昏和夜晚觅食。赤大袋鼠用强有力的后腿跳跃，用尾巴帮助它们保持平衡。袋鼠是食草动物，通过吃草来摄取所需水分。雄性通过比赛"拳击"来争夺配偶。雌袋鼠怀孕33天后生出的后代只有2.5厘米长，会在母袋鼠舌头的引导下自己爬进育儿袋。一旦进入育儿袋，新生的幼仔就衔住乳头，在随后的70天中一直不会松开。

赤大袋鼠可以跳3米高、9米远，奔跑速度可以达到60千米/小时。

鸵鸟

扭角林羚

朱高花

黑背胡狼

纳马夸沙鸡

白茅

阔头纳丽花

大羚羊黄瓜

蜣螂

纳米比亚地鬣蜥

捷蜥

非洲

卡拉哈里沙漠

黄嘴犀鸟

白脸角鸮

黄金眼镜蛇

德氏大羚羊

大耳狐

拟步甲

红胸黑鹂

南非地松鼠

野芝麻

非洲黄爪蝎

卡拉哈里沙漠

达马拉兰鼹形鼠

卡拉哈里沙漠

猫鼬

卡拉哈里沙漠覆盖了非洲西南部9万平方千米的区域。严格意义上说，卡拉哈里沙漠所指的不是沙漠而是干燥的稀树大草原。每年10月到来年3月间，这里会有一段真正的雨季，也就是说，南半球的夏季会出现大量降水。卡拉哈里沙漠北部的环境更舒适，金合欢、猴面包树和野果树是这里的主要植被。这里的降雨更充沛，在雨季可以形成湖泊。向沙漠南方行进，由于气候会越来越干燥，先是树木然后是草丛都依次变得越来越分散。西南部则是真正的沙漠。卡拉哈里沙漠典型的原生物种包括狐獴、南非剑羚和卡拉哈里沙漠狮，卡拉哈里沙漠狮是非洲狮的一个亚种，这种动物更容易出现在北部和中部地区。设置牲畜圈，以及农民为了保护牲畜狩猎胡狼和非洲野狗，是这里珍贵野生动物的最大威胁。

谁吃谁？

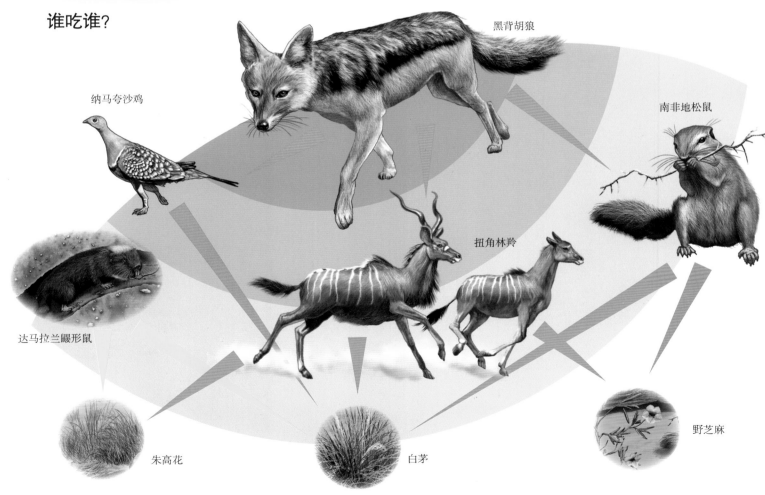

纳马夸沙鸡

黑背胡狼

南非地松鼠

扭角林羚

达马拉兰鼹形鼠

朱高花

白茅

野芝麻

卡拉哈里沙漠的大型食草动物群包括非洲水牛、角马、斑马、跳羚和大象。它们在雨季向南迁徙躲避洪水，在达到干燥地区之后再向北部进发。

旅行时应当注意什么？

夏天，烈日和热气控制着整个地区，你必须在树荫下挨过一天中最热的时段。卡拉哈里沙漠的冬天凉爽干燥。白天的气温像春天一般（25℃），但晚上却急剧下降，所以你需要穿暖和点。干燥的冬季是动物观赏期，因为野生动物会聚集在水源处。大型食草动物的季节性迁移也是一个令人印象深刻的景象，所以优质双筒望远镜和相机会派上用场。

气候

气温	湿度	风速
26℃	低	9千米/小时

早餐是蜥蜴、虫子，再找些甜点

在卡拉哈里沙漠，蜜獾在地上打了许多洞。从长长的睡眠中醒来时，它的四肢依然僵硬，但早上的饥饿战胜了一切，它要赶紧去捕猎。它到处觅食，解决掉几只坚硬的蜥蜴和几只大虫子作为早餐。它检查了每个洞穴，检查到第六个时，它闻到一股香甜的味道，而地下传来微弱的嗡嗡声印证了它的嗅觉。它找到了一个蜂巢。前腿强有力的爪子让它可以在几分钟内挖开卡拉哈里沙漠硬得像混凝土似的地面，并开始享用幼虫和蜂蜜。愤怒的蜜蜂攻击蜜獾，却无法刺透蜜獾厚厚的皮肤。

卡拉哈里沙漠

扭角林羚

扭角林羚生活在卡拉哈里沙漠的林地草原。树林和灌木为扭角林羚提供了保护，也是它们的主要食物，因为它根本不吃草。这些偶蹄动物属于牛科。它们总是生活在水边，从不迁徙，只停留在同一地区。一只年长的雄羚带领着10～12位成员组成的家族。母林羚怀孕9个月后产下小林羚，幼羚会在矮树中躲藏一个月，然后加入群体。

学名: *Tragelaphus strepsiceros*
分布范围: 非洲南部和东部
体型: 长2~2.5, 重120~300kg
寿命: 10～15年
受威胁程度: 种群稳定

只有雄性扭角林羚长角，其长度可达140厘米。

学名: *Struthio camelus*
分布范围: 非洲
体型: 雄性高2.7m, 重160kg
寿命: 40年
受威胁程度: 数量下降

鸵鸟和成群的羚羊和斑马一起迁徙。当察觉到危险时，它们会伸展颈部、高抬头部，提醒其他鸵鸟。

鸵鸟

鸵鸟是世界上现存的最大的鸟类。鸵鸟非常适应干燥环境，可以几天不喝水。它们不会飞，但是可以以每步约4米，并以50千米/小时的速度奔跑。鸵鸟的踢踏可能是致命的。它们以植物为食，但也吃昆虫和小型爬行动物。雌雄鸵鸟的外表差别很大。雌性是棕色，雄性大体是黑的，翅膀末端的羽毛是白的，在交配前表演舞蹈舞时会显示出白色羽毛。雏鸟孵出有30厘米高，从蛋壳里出来后不久，就可以和父母一起行走了。

当受到惊扰时，蝎子会将它们的毒刺高高举起，并寻找机会进攻。

非洲黄爪蝎

非洲黄爪蝎广泛分布于非洲南部的干旱地区，主要捕食蜘蛛和昆虫。这种蝎子属于穴居蝎，它的洞穴通常位于大块的岩石旁边。蝎子的身体前部长有一对大钳子（称为须肢），尾尖长有一个毒刺。蝎子用须肢捕杀猎物，如有必要会向猎物体内注射毒液。但因毒液产生非常缓慢，蝎子不会轻易使用。和它的同类相比，非洲黄爪蝎的须肢更大、更强壮。

学名: *Opistophthalmus carinatus*
分布范围: 非洲南部干旱地区
体长: 50 mm
寿命: 30年
受威胁程度: 未评估

纳米比亚地鬣蜥

　　纳米比亚地鬣蜥有不同的颜色，雄性的头部在交配的季节会变成蓝色。这种鬣蜥可以断尾求生以摆脱抓捕，断掉的尾巴再生。它们主要在白天活动，主要食物是昆虫。地鬣蜥很耐热，但当正午前后气温高达到38℃时，它会在树荫下休息，等待气温降低。在交配季节，雄性之间的会剧烈争斗。雄性通过点头的方式求爱，如果雌性以同样的方式回应，就表示赢得青睐。地鬣蜥的卵是软壳的，产在自己挖掘的沙洞里，依赖太阳的热量孵化。

在危急时刻，地鬣蜥会用它的后腿直立奔跑。

学名: *Agama aculeata*	
分布范围: 非洲南部	
体长: 8~10cm	
寿命: 7~8年	
受威胁程度: 未评估	

黄金眼镜蛇的颜色比较特别，除了像其名字一样，全身是黄金色外，有的亚种呈棕到黑色，身上也会长有黑色的斑点。

黄金眼镜蛇

　　这种毒蛇又称海角眼镜蛇，是非洲最致命的大型毒蛇之一。黄金眼镜蛇的活跃时间是在日间与傍晚，晚上或天气炎热时会躲入洞中休息。它们主要以小型哺乳动物为食，也会捕食青蛙、蜥蜴，甚至会同种相残，吃掉幼蛇。黄金眼镜蛇善于攀爬，偶然会溜入农舍，捕捉禽类。当受到骚扰时，黄金眼镜蛇会迅速作出反应，抬起头，张开颈部并发出嘶嘶的声音，毫不犹豫地发起攻击。黄金眼镜蛇每次产卵8～20枚，刚孵化的幼蛇长30～40厘米。

学名: *Naja nivea*	
分布范围: 非洲南部	
体长: 1.5 m	
寿命: 15~20年	
受威胁程度: 未评估	

西点林鸮

丝兰

烛台掌

叉角羚

西貒

加利福尼亚兔

走鹃

棕曲嘴鹪鹩

沙漠毒菊

索诺兰沙漠

拳骨团扇

北美巨人柱

姬鸮

郊狼

加拿大盘羊

灰狐

索诺兰沙漠

北美洲

褐毛掌

钝尾毒蜥

石炭酸灌木

角响尾蛇

荒漠更格卢鼠

三角叶豚草

49

索诺兰沙漠

北美巨人柱是世界最高的仙人掌品种之一，主干可高达15m，重达数吨，能活200年。巨人柱最初生长非常缓慢，10年的巨人柱只有约10厘米高，在40~75年后才长出第一个分支，直到达到2~8m高时它们的生长速度才达到最高，此后生长速度又降低。

因为干风影响，降雨少，而且雨水大多落在附近山中，北美洲西南角的大部分地区是沙漠。索诺兰沙漠横跨美国和墨西哥的边境，幸运的是，它每年有两个雨季。这里有一条著名的河流——科罗拉多河。它静静地穿过大峡谷，蜿蜒流向加州湾。索诺兰沙漠里最有特色的植物是仙人掌。仙人掌类植物的肉质茎可储存大量的水分，叶子变态成刺使水分的损失降到最低，气孔只在凉爽的夜晚开放。北美巨人柱是这里典型的仙人掌类植物。在沙漠中很少有高大的植物，棕榈鹛在仙人掌的茎中打洞做巢，美国唯一的原生羚羊物种生活在这里。

北美巨人柱

谁吃谁?

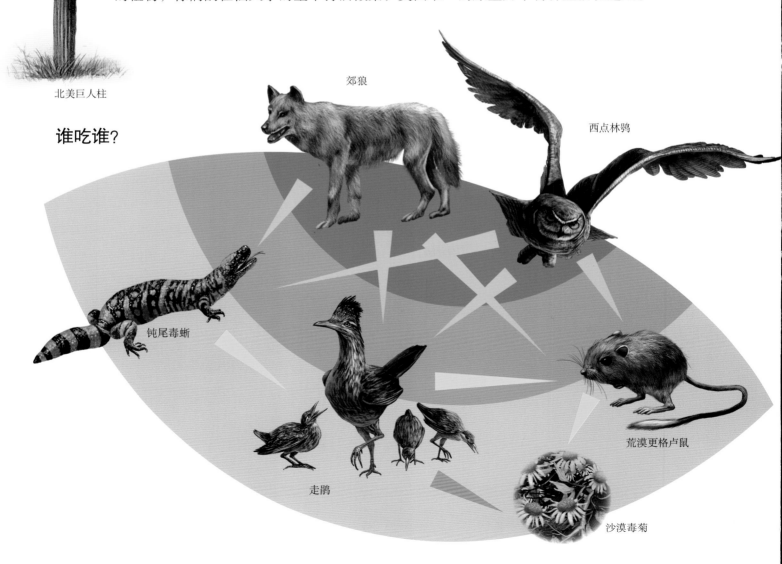

郊狼

西点林鸮

钝尾毒蜥

走鹃

荒漠更格卢鼠

沙漠毒菊

鸟蛋保卫战

一只觅食的钝尾毒蜥小心地循着一种熟悉的气味而来，它希望不需要使用毒液腺就可以得到最喜欢的早餐——鸟蛋。然而，走鹃也很谨慎，它们把巢建在离地1~3米高的仙人掌上，而且绝不是胆小之辈。走鹃勇猛好斗，能捕食蜥蜴和蛇，奔跑速度高达30千米/小时，它的尾羽可以帮助它在转弯时保持平衡。现在，这只走鹃正竭力阻止蜥蜴，并避免被它咬到中毒。它虽然阻止了毒蜥的这次偷袭，但绝不敢掉以轻心。因为，幼鸟孵出后，还会有别的动物对其虎视眈眈。

濒危种

- 棕鸺鹠（*Glaucidium brasilianum*）
- 叉角羚（*Antilocapra americana*）
- 东王霸鹟（*Tyrannus tyrannus*）

旅行时应当注意什么？

在索诺兰沙漠的部分地区，旅行需要获得许可。携带高质量的地图至关重要，在出发前要询好天气状况。涉水时要注意，在岩石间流淌的水会快速流入峡谷，如果跌入几乎无法逃脱。行走时要留意脚下，并戴好遮阳帽、涂上防晒霜，携带足够的饮用水。

气候

年平均气温
16 ~ 23℃

年降雨量
300 ~ 800 mm

索诺兰沙漠

走鹃

　　走鹃是动物王国里真正的跑步天才，它们不擅飞行，但它可以用每秒12步，每分钟500米的速度穿越沙漠。走鹃捕食昆虫、蜥蜴和蛇。它们会用结实的喙将猎物啄死，然后从头部开始吞下。雄性走鹃会将蜥蜴或蛇献给雌性作为求爱的礼物。如果雌鸟接受了，它们就将共同生活一生。它们不像其他杜鹃科"亲戚"那样让其他鸟来孵蛋，而是亲自孵化，走鹃的卵是白色的，每窝通常产卵2～8枚。雏鸟3个星期后就可以独立生活。

走鹃有一种独特的保持体温的方法。清晨，它会将身体背部的黑斑露出对准太阳，充分吸收阳光，使体温上升到正常水平，而不需耗费自己的能量。

学名: *Geococcyx californianus*
分布范围: 北美沙漠地带
体型: 体长40cm，尾羽长20cm
寿命: 7～8年
受威胁程度: 种群稳定

学名: *Ovis canadensis*
分布范围: 索诺兰沙漠和北美山地
体长: 150～180cm
寿命: 19年
受威胁程度: 未评估

加拿大盘羊

　　加拿大盘羊习称大角羊，拥有巨大的犄角，魁伟的身体，栖息于开阔、干燥的沙漠和大草原及岩石山区。大角羊是群居动物，视力敏锐，善于攀爬陡峭的山岩，以草和灌木为食，极其耐渴，能几天不喝水。在繁殖期间，公羊间会发生争斗，用角相互撞击，时间会持续几个小时。大角羊每胎产仔1～4只，小羊在春天出生后即可跟随母亲活动。小母羊留在原来的羊群，小公羊则在2岁时离开羊群和其他公羊组群。

尽管加拿大盘羊的角重达14千克，但它依然可以用48千米/小时的速度奔跑，此外，加拿大盘羊还是游泳健将。

钝尾毒蜥

　　钝尾毒蜥是目前仅存的两种有毒蜥蜴之一（另一种是北美的珠毒蜥），种动物体型大，非常粗壮，行动缓慢，尾巴很短，它们用尾巴是储存脂肪。钝尾毒蜥极好地适应了沙漠环境，它们尾巴里储存的脂肪可以维持其存活两年。钝尾毒蜥生活在人迹罕至的大沙漠、灌木林区及大片仙人掌覆盖的地区，除了觅食以外，大部分时间都躲在地下洞穴中。钝尾毒蜥捕食小型哺乳动物、幼鸟或鸟蛋，偶尔吃腐肉。它们在5月交配，8月时将卵产于洞中。卵在10个月后才孵化，因此它们的生殖周期要持续一整年。

学名: *Heloderma suspectum*
分布范围: 北美干旱地区
寿命: 10～15年
体长: 50～60cm
受威胁程度: 近危，数量下降

钝尾毒蜥用肥厚分叉的舌头感觉气味，它们不断吞吐舌头，收集周围环境中的气味信息。

棕曲嘴鹪鹩

　　棕曲嘴鹪鹩是一种长年居住在半沙漠环境中的小型鸟类，喜欢居住在潮湿的地方，在森林下部活动，主要以昆虫和蜘蛛为食，偶尔会补充一些种子和果实。雄鸟在保护巢边领地时非常具有攻击性，它们会在条件很好的区域再建立5～6个次要的巢，雌鸟会从这些铺着草的巢中选出最好的一个来抚育雏鸟。棕曲嘴鹪鹩一年能繁殖数次，每窝产卵4～5枚。

学名: *Campylorhynchus brunneicapillus*
分布范围: 美国西南部
体长: 18～23cm
寿命: 6年
受威胁程度: 数量下降

棕曲嘴鹪鹩最喜欢在生满棘刺的仙人掌丛中构建独特的鸟巢，它们也可以在仙人掌稀少的灌木丛中筑巢。

学名: *Strix occidentalis caurina*
分布范围: 北美
体型: 长43cm，翼展114cm
寿命: 16年
受威胁程度: 未评估

西点林鸮

　　西点林鸮的领地面积多达40平方千米，不过这个区域的边界会随着季节略有变化。这些夜间猎手凭借它们柔软浓密的羽毛静静地飞过夜空，猎物包括小型哺乳动物、鸟类和昆虫。它们将猎物整个吞下，然后将未消化的碎片吐出。西点林鸮从一而终，在遮蔽阳光和高温的树洞或悬崖上筑巢。它们在春天产卵，每窝2～3枚，由雌鸟孵化，而雄鸟负责觅食。

西点林鸮雏鸟的存活机会非常低。鸟类学家们认为，只有11%的雏鸟能够成年，而其余那些则成为了其他猛禽的猎物。

加利福尼亚兔

　　加利福尼亚兔可以用它长达20厘米的耳朵里密密麻麻的血管调节体温。它们会在一天中最热的时候躲到它们挖的洞里，它们腹部朝下趴着，使得身体尽可能多地接触到凉爽的地面。加利福尼亚兔一天中的大部分时间用于采食沙漠植物，如仙人掌等。它们以凉爽的浅地洞为窝，雌性每年可以生育多达4窝幼仔。每窝3～4只，幼仔2～3天后就可以独立生活。

学名: *Lepus californicus*
分布范围: 美国西南部，墨西哥
体型: 体长80cm，耳长20cm
寿命: 1～5年
受威胁程度: 种群稳定

为了躲避追逐，这种兔子可以用50～55千米/小时的速度"之"字形奔跑，使追逐者疲倦。

海鸥

南极洲

韦德尔氏海豹

巴布亚企鹅

食蟹海豹

南极磷虾

南极蠓

阿德利企鹅

南大洋

南极洲

灰贼鸥

雪鹱

南象海豹

白鞘嘴鸥

豹形海豹

白鞘嘴鸥

帝企鹅

南极企鹅

南极漆姑草

南极发草

南 极 洲

暴风海燕

南极洲是地球上最冷、最干燥、风最大的地方，其面积是澳大利亚领土面积的两倍。南极洲海岸周围的冰使它的陆地面积看起来比实际大10%左右。覆盖南极的冰盖有4千米厚，储存了全世界70%的淡水。然而，这些水被封在冰中，野生动物无法利用，所以南极也被描述为世界上最大的荒漠。南极内陆一些贫瘠的岩石峡谷地区，可能已有数百万年没有降水了。因此，生活在地球最南端的野生动物要依赖海洋生存，多数南极生物在靠近南极洲海岸的无冰区域，或者在海岸附近的绿洲里生活。有七种企鹅在南极筑巢繁殖，但只有帝企鹅在南极过冬。这片大陆上最大的纯陆生动物和唯一的昆虫，是不会飞的南极蠓。这里只有两种开花植物——南极发草和南极漆姑草。虽然几乎没有人在南极洲定居，但人类活动还是给这里的环境带来了不利影响。由于全球变暖和空气污染，南极冰的总量在减少。而人类对被封在冰下巨量的石油和天然气的开采，会在未来给这里带来真正的危险。

谁吃谁？

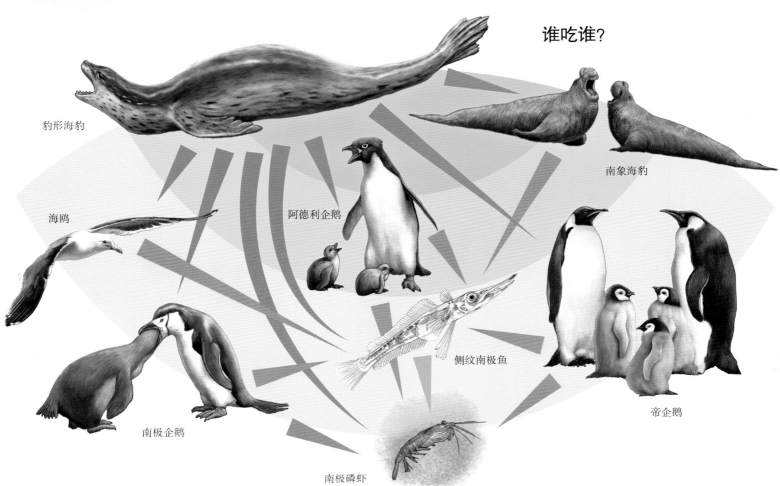

豹形海豹

南象海豹

海鸥

阿德利企鹅

侧纹南极鱼

帝企鹅

南极企鹅

南极磷虾

旅行时应当注意什么?

　　南极洲不是一个旅游天堂,即使在夏季,其内陆的最高温度也只有-30～-20℃。因此,到这里探险必须有合适的装备并做好充分准备。在沿海地区,气候温和,夏季温度可以达到5℃,大部分南极研究站就建在那里。夏天,环绕海岸的冰融化的时候,海岸充满生机。企鹅、海豹和海鸟并不害怕人类,所以可以拍摄到漂亮的照片。

企鹅幼儿园

　　长着灰色绒羽的小帝企鹅站雪地中,它们挤在一起以尽可能减少热量的损失。在小企鹅出生之前,它们的父亲为了孵化脚上唯一的蛋,已经64天没有进食了。小企鹅出生后一直没有食物,要一直等到雌企鹅返回,将装在嗉囊里的食物带给小企鹅。小企鹅不到一个月就可以独立行走。在企鹅父母外出觅食时,会把小企鹅委托给邻居照管。这样,由一只或几只成年帝企鹅照顾着一大群小企鹅的"幼儿园"就形成了。在"幼儿园"里,小企鹅很听话,过得很开心,等它们的父母回来后,才会把它们接回去。

每年春天,都会有1亿多只鸟类在南极洲和其附近的岛屿筑巢。

濒危种

白额鹱 (*Procellaria aequinoctialis*)
阿岛信天翁 (*Diomedea amsterdamensis*)
帝企鹅 (*Aptenodytes forsteri*)
克岛燕鸥 (*Sterna virgata*)
灰头信天翁 (*Thalassarche chrysostoma*)

南极洲

帝企鹅

　　雄性帝企鹅能忍受最极端的寒冷。它们孵卵的方式是雄鸟把卵放在皮肤温暖的脚上，使卵保持温度。当天气最残酷的时候，雄鸟会挤在一起，背对着太阳。在中间的企鹅与站在外面的企鹅不断调换位置。在护卵的两个月中，雄性什么都不吃。与此同时，雌性在海中捕鱼，把自己养胖。当它们返回自己的群体，雌性会巧妙地从伴侣身上取回卵。此时，南极的天气变得温和，但雄企鹅们已经又累又饿，并不是所有精疲力竭的雄企鹅都能到水边进食。

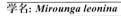

在春天，南极的冰面上满是企鹅雏鸟。成年企鹅通过叫声识别它们的孩子。

学名: *Aptenodytes forsteri*
分布范围: 南极洲
体型: 高90~120cm，重50kg
寿命: 20年
受威胁程度: 近危

学名: *Mirounga leonina*
分布范围: 南半球沿海地区
体型: 雄性体长是雌性的8倍，达6.5m，重达4吨
寿命: 20年
受威胁程度: 非濒危

南象海豹是动物界的"潜水亚军"，最深可潜至2300米的深海，仅次于抹香鲸。它们可以在水下待将近2小时。

南象海豹

　　雄性南象海豹形状奇特，有一个能伸缩的鼻子，当它兴奋或发怒时，鼻子就会膨胀起来，并发出很响亮的声音，故名为"象海豹"。由于它们分布在南极周围，所以它们被称为"南象海豹"。雄性有两个显眼的15厘米长的犬齿，用于争夺雌性战斗，身体约为雌兽的4倍大。这种海豹在冰层下觅食，它们最喜欢的食物是鱿鱼。它们大部分时间生活在海洋中，只在换毛、交配和生育时上岸。在换毛时，它们会褪去毛和皮肤外表层，在洼地里打滚享受泥浴，直到新的皮毛长出来。小海豹断奶后1个月学会游泳。

南极蠓

　　南极蠓属于一种缺翅的摇蚊，是唯一生存在南极洲的昆虫。南极蠓的幼虫变为成虫前，要经历两个漫长的极地冬季和一个夏季，忍受冰冻与融化，干燥和潮湿。它们体内可以产生了一种特殊的分子，其作用类似于防冻剂，可避免幼虫血液中出现致命的冰凌。它们可以在无氧环境下生存4周，在极酸性或碱性环境中也能存活。南极蠓生活在苔藓里，以藻类和有机碎屑为食。他的生命周期有2年，大部分时间以幼体形式渡过，成虫寿命只有10天，在此期间交配、产卵。

南极蠓不会飞。如果遇上暴风，它们必死无疑。

学名: *Belgica antarctica*
分布范围: 只在南极洲
体长: 2~6mm
寿命: 2年
受威胁程度: 非濒危

南极磷虾

　　南极磷虾的前肢很长，上面长着毛茸茸的细毛，可以捕获硅藻和浮游生物。南极磷虾有生物荧光器官，能每隔2～3秒发出黄绿色的光。科学家认为其作用是遮掩磷虾的影子，使其在捕猎者前"隐形"；另一些科学家认为，这些光对其交配或夜间聚集有重要作用。南大洋的磷虾蕴藏量约为4～6亿吨，是南极生态系统的关键物种。南极磷虾在海面附近产卵，卵随后下沉到一两千米的深度，并边下沉边孵化。孵化后的磷虾边变态发育，边向上缓慢移动，当到达100米水层时，已成为能够直接主动摄食的幼虾了。

南极磷虾被称为南极生物大厦的基石，其密度可以达到每立方米10000～30000只。

学名: *Pagodroma nivea*
分布范围: 南极洲和南大西洋岛屿
体型: 36～40cm，翼展110～120cm，重7～8kg
寿命: 18年
受威胁程度: 非濒危

学名: *Euphausia superba*
分布范围: 南极洲附近海域
体型: 长6cm，重2g
寿命: 6年
受威胁程度: 非濒危

雪鹱将磷虾油存储在它们的消化系统中，用以喂养雏鸟，并为长途飞行储备能量。它们甚至可以用喷油的方式抵御捕食者。

雪鹱

　　作为精湛的飞行者，即使在最猛烈的风暴中，雪鹱也可以在空中飞行。它们的食物包括鱼、鱿鱼，但最喜欢的是磷虾。它们鼻孔附近有一个盐腺，用来排出因进食摄入的大量盐分。雄鸟在发现中意的伴侣后，会飞行很长一段时间，以便向雌鸟展示其强壮的身体。雌鸟每次产一枚白色的卵，孵化期为45天后。雏鸟7周后长出羽毛。

雪鹱属于候鸟，它们会飞越赤道到北半球的格陵兰或阿拉斯加过冬。

学名: *Stercorarius maccormicki*
分布范围: 南极洲，迁徙到阿拉斯加过冬
寿命: 11年
体型: 长50～55cm，翼展130～140cm，重900～1600g
受威胁程度: 非濒危

灰贼鸥

　　灰贼鸥是最靠南繁殖鸟类，甚至会在南极内陆筑巢。它们除了吃鱼、虾等海洋生物和腐肉外，还会偷盗企鹅和其他鸟类的蛋甚至雏鸟。它们在繁殖地筑巢，单配制，每年回到同一个地方繁殖。灰贼鸥一次产两枚卵，卵需要在由冰雪做成的巢中孵化30天。灰贼鸥会非常努力地捍卫自己的巢。通常第一只孵化出的雏鸟更健壮，在与同胞的生存竞争中更有优势。

词 汇 表

成虫

在昆虫的生活史中完全发育的成体阶段，通常有翅膀，例如蝴蝶或蜻蜓。昆虫产卵，经孵化变成幼体，然后通过几次蜕皮，变为成虫。

刺

由叶或叶的一部分变态所成的尖锐突起。例如仙人掌类植物的刺是由叶退化而来的，这样可以缩小蒸腾面积，使植物适应干旱的环境。还有一些植物，如刺槐，它们的刺是由托叶变成的，可以对植物起到保护作用。

单配制

特定物种的一个雄性和一个雌性在繁殖季节结成一对，并通常一起抚育它们的后代。

多配性

指在动物行为学意义上那些单一雄性在其他雄性面前保卫多个配偶的行为。雌性团体是该雄性的多个配偶。例如欧洲马鹿或海象都是多配性动物。

非洲草原

非洲南部的开阔地带，分布有禾草和灌木，也点缀着树木。分布在高海拔的这类地域被称为高地非洲草原，而低地处的非洲草原则相应地被称为低地非洲草原。多刺非洲草原是由多刺灌木主导的非洲草原，相应的，硬地非洲草原多岩石，沙地非洲草原多沙子。

更格卢鼠

啮齿类小型哺乳动物，生活于北美洲的西部。因其两条后腿与袋鼠（kanga-roo，音译为"更格卢"）相似而得名。得益于这两条袋鼠式的后腿，个头小小的它能跳出令人吃惊的2.5米远的距离。

共生关系

两个或多个种类共同生活，并相互保持着互利的关系。例如构成青苔的真菌和藻类。藻类能够合成有机物供真菌使用，而真菌则可以给藻类提供二氧化碳和矿物质原料。

荒漠化

由气候变化、侵蚀、过度利用和火灾导致的土地变成沙漠的过程。由于气候变化，平均气温在升高，地球正在变得更干旱，这会造成荒漠化。因为干旱，家畜在植被上进食，直到根部，这产生了荒寂的地表，随后风吹散了富含营养的土壤，加剧了荒漠的扩大。

寄生物

依靠其他生物（宿主）生存的一类生物，它们利用宿主的资源进行发育和繁殖。

节肢动物

节肢动物身体两侧对称，身体以及足分节，可分为头、胸、腹三部分，是动物界中物种种类最多的一类动物，约有120万种，占整个现生物物种数的80%。人们熟知的虾、蟹、蜘蛛、蜈蚣以及各类昆虫都属于节肢动物。

景天酸代谢（CAM）光合作用

这种类型的光合作用以特殊的方式转化碳原子，以此来适应干旱环境。通常，景天酸代谢植物在气温高的白天关闭气孔，这样可以有效地防止水分蒸发，而在夜间则开放气孔，从空气中固

定二氧化碳。目前已知有16000种植物利用这种方法，并且在肉质植物和附生植物中尤其普遍，后者指的是在树上生长的植物。

臼齿

哺乳类或似哺乳类动物位于颌末端，较大的、以研磨为用途的牙齿。大象的牙齿被所食植物含有的坚硬植物纤维磨损。除了乳牙外，在大象的一生中臼齿更换6次。当最后的一套臼齿脱落后，大象通常因饥饿而死，因为它不能正常进食了。

两栖动物

脊椎动物的一类，拥有四肢，皮肤裸露，表面没有鳞片（一些蚓螈除外）、毛发等覆盖，但是可以分泌黏液以保持身体的湿润；其幼体在水中生活，用鳃进行呼吸，长大后用肺兼皮肤呼吸。两栖动物可以爬上陆地，但是一生不能离水，因为可以在两处生存，称为两栖。

绿洲

绿洲最初是指在荒漠中围绕水源的一块生物能够生长的地块，而南极绿洲是一块基本没有冰雪的地域。

门齿

位于口腔前面的边缘锋利的凿形牙齿，其功能主要是咬食物。

偶蹄动物

有蹄类哺乳动物的一个类群，它们的第三和第四趾形成蹄，多为大型、中型的草食性陆生有蹄类哺乳动物。这类动物奔跑速度快，而且步伐沉稳。这些动物包括反刍动物（如骆驼、羊、鹿、长颈鹿、牛、羚羊、驼羊等）和非反刍动物（如猪、河马等）。

爬行动物

脊椎动物的一类，它们的身体构造和

生理机能比两栖类更能适应陆地生活环境。身体已明显分为头、颈、躯干、四肢和尾部。颈部较发达，可以灵活转动，增加了捕食能力，能更充分发挥头部感觉器官的功能。它们皮肤上通常有鳞片或甲，用肺呼吸、卵生、变温。人们熟悉的蛇、鳄鱼、蜥蜴等均属于爬行动物。

奇蹄动物

有蹄类哺乳动物的一个类群，因趾数多为单数而得名。原始奇蹄动物的脚趾是前四后三，现生的奇蹄动物貘就是这样的脚趾结构。奇蹄目成员的胃室比较简单，不具备偶蹄目部分成员那样多的胃室，但盲肠大而呈囊状可协助消化植物纤维。马、犀牛、貘均属于奇蹄动物。

全球气候变化

空气和海洋的平均气温从长远的角度来看在升高，这就是全球气候变化。气候变化的一个起因是化石燃料（石油、天然气和煤炭）的燃烧，这导致大气中二氧化碳浓度的升高。这意味着较少的热从地球表面散失到太空。这是我们这个时代需要面对的最大的环境挑战。

群体

生活在一起并且互相受益的同一物种的个体。例如，在南极大陆栖息在一个群体中的帝企鹅，而在相同地点越冬的一群瓢虫则不是一个群体。

胎盘动物

哺乳动物中最为普遍的一类动物，它们的幼仔在子宫中生长，并由胎盘提供所需营养。其他类型的哺乳动物是有袋动物和卵生哺乳动物。

碳4（C4）植物

与最常见的碳3（C3）植物的光合作用不同，碳4植物光合作用来自空气的二氧化碳首先固定并形成一个带有4个碳原子的分子。目前已发现7600种碳4植物，占所有已知植物物种的3%。包括多数禾草在内的几乎一半单子叶植物都是利用这种碳固定途径。这种代谢途径在高温的干旱地区极为有效，因此热带是碳4植物的故乡。

同种相残

即一个动物吃掉部分或全部的另一个同种的动物。据记载，这种现象在1500个物种中相当普遍。同种相残的类型包括在交配时雌性吃掉雄性的性交同种相残（例如如螳螂）、动物吃掉自己的幼体（例如仓鼠）和在子宫中一个胚胎消化其他胚胎的子宫内相残（例如某些鲨鱼）。

土壤因子

与土壤相关的因子，包括物理特征（组成与结构）和化学特征（溶解盐的量、化学反应）。

洼地

面积较小的泥泞凹地，经常会积水，动物喜欢在其中的淤泥中打滚。

纤维素

一种由碳、氢和氧三种元素组成的碳水化合物大分子。大多数的植物细胞壁由纤维素组成，因此它是地球上最为广泛的有机材料。这是由棉花或亚麻制成的衣料的主要成分。

休眠

在动物生命周期中一个发育、生长和物理活动暂时停止的阶段。在此期间，伴随着代谢变慢和能量利用减少。通常，休眠依赖于环境因子，这就是说，它在动物生存条件变得严酷时才会发生。休眠有几种不同的方式，这种情况在植物中也会出现，例如种子的休眠。截至目前的记录，一个莲子在休眠1300年后发芽了。休眠的广为人知的方式是冬眠。

序位

由状态决定的排序。社会性动物经常形成一个序位，在此序位中，优势个体处于顶端，随后是优势差一些和从属的个体。优势个体维持其地位的好处在于能更快地获得食物和追求雌性。

有袋动物

哺乳动物的一类，它们的幼仔出生时并没有发育完全，需要在母亲腹部的育儿袋里靠吸吮生活一段时间。

幼体

昆虫和两栖类在发育过程中的一个临时阶段。从卵中孵化出的幼体通常在外观上与发育成熟的成体颇为不同，而且他们的栖息地和生活方式也可能并不一样。两栖类的幼体生活在水中，用鳃呼吸。

植硅体

植硅体，又称植硅酸体，是指某些高等植物从地下水中吸取可溶性二氧化硅而后沉淀于植物细胞内或细胞外部位置，由此形成的含水非晶态二氧化硅颗粒。是植物身体里的结石。科学家发现，动物非常不喜欢高植硅体含量的植物。

椎骨

组成动物脊椎的系列骨头。每块骨头有一个孔，脊髓从中穿过；还有一些突起，附以肌肉。长颈鹿同其他颈部短短的动物一样，在脊椎的颈部也有7块椎骨。

紫外线辐射

阳光的组成部分，其波长短于可见光。它能让皮肤颜色变深，但是过度地暴露其中是有害的。

索引

原版图书制作

出品人：   Dr. Bera Károly
技术总监：   Kovács Ákos
创意总监：   Molnár Zoltán

编辑、排版© Graph-Art, 2014

编辑：   Dönsz Judit, Dr. Martonfalvi Zsolt,
                    Simon Melinda,Szabó Réka,Szél László
插图：   Farkas Rudolf, Nagy Attila,
                    Szendrei Tibor, Mart Tamás
图片整理：   Lévainé Bana Ágnes
封面和排版：   Demeter Csilla
版式设计：   Győri Attila

图书在版编目（CIP）数据

草原与荒漠 / 匈牙利图艺公司编绘；王梦彤，曾岩译 . —北京：北京日报出版社，2017.9
（生生不息）
ISBN 978-7-5477-2222-0

Ⅰ . ① 草 … Ⅱ . ① 匈 … ② 王 … ③ 曾 … Ⅲ . ① 草原 – 少 儿 读 物 ② 荒 漠 – 少 儿 读 物 Ⅳ . ① S812-49 ② P941.73-49

中国版本图书馆 CIP 数据核字 (2016) 第 255357 号

Copyright©Graph-Art,2014
著作权合同登记号　图字 :01-2015-2463 号

生生不息：草原与荒漠

出版发行：北京日报出版社
地　　址：北京市东城区东单三条 8–16 号　东方广场东配楼四层
邮　　编：100005
电　　话：发行部：（010）65255876
　　　　　总编室：（010）65252135
印　　刷：保定金石印刷有限责任公司
经　　销：各地新华书店
版　　次：2017 年 9 月第 1 版　　2017 年 9 月第 1 次印刷
开　　本：889 毫米 ×1194 毫米　1/16
印　　张：4
字　　数：170 千字
定　　价：48.00 元